月
宇宙船
国際宇宙ステーション（ISS）
宇宙飛行士による船外活動
地球の地表から、38万4400㎞の場所にある。
カーマン・ライン
国際航空連盟が定めた、海抜高度100㎞のライン。このラインをこえた先が宇宙空間で、この高度から下が地球の大気圏とされている。
オーロラ
オゾン層
大気中のオゾンという物質の濃度が高いところ。太陽からの有害な波長の紫外線を吸収し、地球上の生物をまもる役割をはたしている。
ジェット機
球

宇宙開発プロジェクト大図鑑

監修：肥後 尚之

1 地球から月へ

ポプラ社

もくじ

この本に出てくる国旗やマークについて

この本では、ロケットや宇宙船の開発国・団体の、国旗やマークを表示しています。登場する国旗とマークは右の通りです。

日本

アメリカ

ESA ヨーロッパ宇宙機関（ESA）

ルクセンブルク

ソビエト（今のロシア）

ロシア

インド

中国

はじめに

みなさんは私たちが住んでいる「地球」を宇宙から見てみたいと思ったことはありますか？

昔から多くの人が、地球を宇宙から見てみたい、月に行ってみたいと願い、多くの挑戦を重ねてきました。いろいろなことを試しては失敗し、まわりの人たちの心ない言葉にくじけそうになりながらも、それでもあきらめずに、さらに挑戦をくり返して、そうしてやっとの思いで宇宙に行ける乗り物として、ロケットをつくりあげました。

この本は、そうして完成したロケットやロケットを使って打ち上げた人工衛星、宇宙ステーションの成り立ちについてみなさんに伝えるためにつくりました。

人類が初めて人工衛星をロケットで打ち上げてから、もう70年近くがたちます。しかしいまだにロケットの打ち上げはとても難しく、成功することもあれば、失敗することもあります。それでも、人工衛星からのデータは私たちの生活に欠かせないので、ロケットの打ち上げをあきらめるわけにはいきません。今もみなさんの暮らしを守ろうと、失敗にもめげずに多くの大人たちが宇宙開発への挑戦を続けています。

私は「地球」を月から見たくて、宇宙開発技術者を志しました。みなさんには、将来の目標はありますか？　まだ自分でもわからない人も多いかもしれませんね。宇宙へ行くために、人びとは失敗から多くのことを学び、それを経験としてたくわえ、技術をみがいてきました。みなさんも、この本を閉じたらさまざまなことに挑戦して、たくさんの失敗をしてください。その経験は、きっと大切な宝物になります。この本が、みなさんが「やりたいこと」を見つける助けになったらうれしく思います。

肥後尚之

宇宙へ

20世紀、宇宙へ行くための乗り物であるロケットが開発され、人類が宇宙へ行くことができるようになりました。

1950年7月24日、アメリカのケープカナベラルで打ち上げられた、気象観測用ロケットのバンパー8ロケット。

©NASA/U.S. Army

ロケットの誕生

宇宙飛行を可能にする乗り物

宇宙へ行くためのロケットを理論的に初めて考えたのは、ロシアのコンスタンチン・ツィオルコフスキーでした。1897年に、ロケットの速度を上げるには、ガスをふき出す速度と、燃料を使う前後のロケットの重さの比を大きくすればよいと数式でしめしました。ライト兄弟が飛行機で初めて動力飛行（1903年）するより前に、宇宙へ行く手段をすでに考えていたのです。

コンスタンチン・ツィオルコフスキー

教師を務めながら、ロケットなどの研究をおこなった。「液体燃料」や「多段式ロケット*」の利点にも気づいていた。

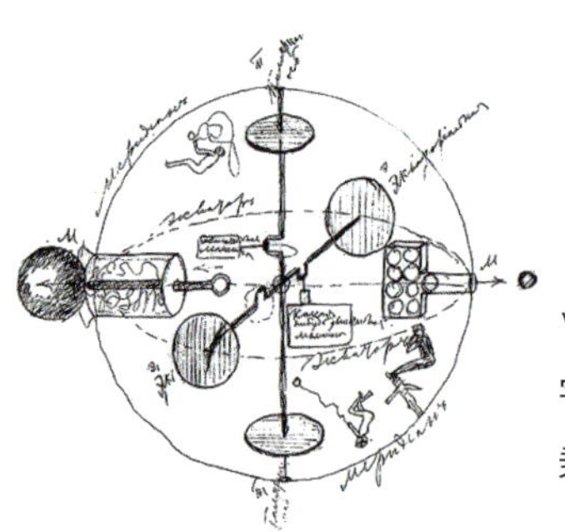

ツィオルコフスキーが描いた宇宙船のスケッチ。宇宙船に乗る人間も描かれている。

＊**多段式ロケット**……機体をいくつかの段に分けて、第1段から順番に点火、噴射させていき、燃焼ずみの部分をだんだんと切り離していくしくみのロケット。

各国で進められていくロケット開発

1926年、アメリカのロバート・ゴダードは、世界で初めて「液体燃料ロケット*」の打ち上げに成功しました。第二次世界大戦中には、兵器としてのロケット技術がドイツで大きく進展します。大戦後にアメリカにわたったベルナー・フォン・ブラウンは、のちに月をめざしたアポロ計画（32ページ）で、当時最大級のロケット、サターンVの開発を主導しました。

©Science & Society Picture Library

ロバート・ゴダード

ツィオルコフスキーが理論的に考えていた液体燃料ロケットを、実際につくって飛ばすことに成功。

©NASA/MSFC

ベルナー・フォン・ブラウン

ドイツのロケット工学者で、第二次世界大戦後はアメリカのロケット開発の中心人物となった。

日本のロケット開発

ロケット研究が日本で本格的に始まったのは第二次世界大戦後のことです。日本初のロケット発射実験は、1955年4月におこなわれました。そのときに使われたロケットは、直径1.8㎝、長さ23㎝、重さ200gという非常に小さなもので、「ペンシルロケット」とよばれています。

©JAXA

糸川英夫

ペンシルロケット以降の日本のロケット開発を主導し、「日本の宇宙開発の父」とよばれる。日本初となる脳波測定機を製作したり、バイオリンを製作したりと、さまざまな分野で活躍した。

ロケット編

- **19世紀末** ロシアの**コンスタンチン・ツィオルコフスキー**が**液体燃料ロケット**の原案を発案
- **1926年** アメリカの**ロバート・ゴダード**が、世界初の液体燃料ロケットの打ち上げに成功
- **1942年** ドイツで世界初の大型ロケットミサイルV-2号の試作が完了。**ベルナー・フォン・ブラウン**も参加
- **1955年** 日本で、**糸川英夫**が**ペンシルロケット**の発射実験をおこなう
- **1957年** ソビエトが、大陸間弾道ミサイル**R-7**を原型とする**スプートニクロケット**で世界初の人工衛星（**スプートニク1号**）打ち上げに成功
- **1958年** アメリカが**ジュノーⅠロケット**で人工衛星（**エクスプローラー1号**）の打ち上げに初めて成功
- **1970年** 日本初の**人工衛星おおすみ**をのせた、**L-4Sロケット5号機**が打ち上げ成功
- **1994年** 日本初の純国産液体燃料ロケットの**H-Ⅱロケット**の打ち上げに成功
- **2015年** アメリカの**スペースX社**が**ファルコン9ロケット**を打ち上げ、第一段の機体を地上へ再び垂直着陸させることに成功
- **2024年** 日本の**H3ロケット**が打ち上げに成功

＊**液体燃料ロケット**……ロケットには、液体の燃料と酸化剤を使う「液体燃料ロケット」と、酸化剤と燃料を混ぜ合わせ、固めたものを使う「固体燃料ロケット」がある。

ロケット大解剖!

ロケットはどうやって飛ぶ?

ロケットは、積みこんでいる燃料を燃やしてできた、たくさんのガスをいきおいよく後ろにふき出し、その反動で前に進む力（推力）を得ます。現在のロケットのほとんどは、燃料を使い切った部分を切り離すことで身軽にして、効率よく速度を上げていく「多段式」のロケットです。

風船が飛ぶしくみ

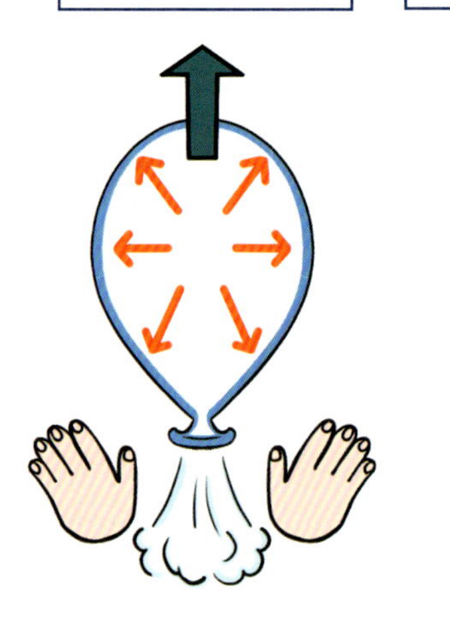

ロケットが飛ぶしくみ

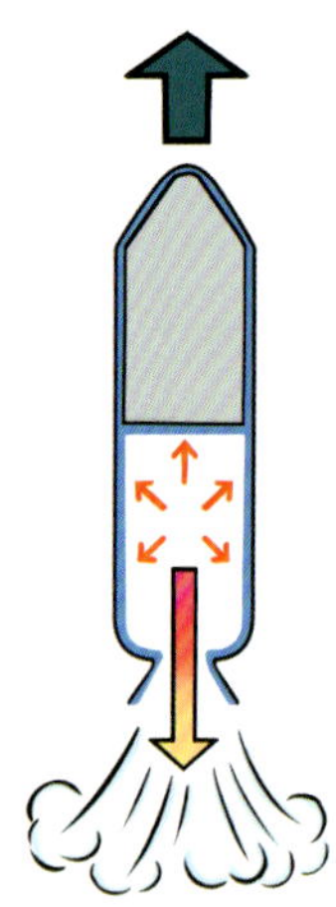

ふくらんだ風船から手をはなすと、空気をふき出しながら飛んでいく。ロケットが飛ぶ基本的なしくみも同じだ。

ロケットの役割は?

ロケットは、人工衛星や惑星探査機のほか、人やものが乗った宇宙船を宇宙へ届けるために打ち上げられます。たんに高いところへ運ぶだけでなく、たとえば人工衛星であれば、地球のまわりを回る軌道に乗れるように、速度や方向をうまく考えながら宇宙へ運ぶ必要があります。

ロケットのしくみ（H3ロケットの場合）

フェアリング
大気中を上昇中に生じる熱や振動などから、ロケットのいちばん上に取りつけられた荷物を守る役割をする。

フェアリングの中を見てみよう

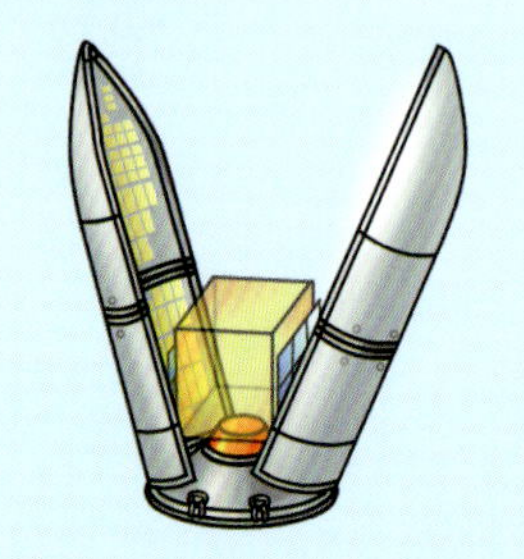

宇宙へ運ぶ人工衛星や惑星探査機などが取りつけられている。

第2段

第2段エンジン
第1段を切り離したあとに点火され、人工衛星を決まった軌道に乗せる。

JAPAN

固体ロケットブースター
ロケットが飛んでいくのを補助するために使われる小型のロケット。

第1段エンジン
ロケットが地上から打ち上げられるときに使われるエンジン。

これまでに開発されてきたロケット

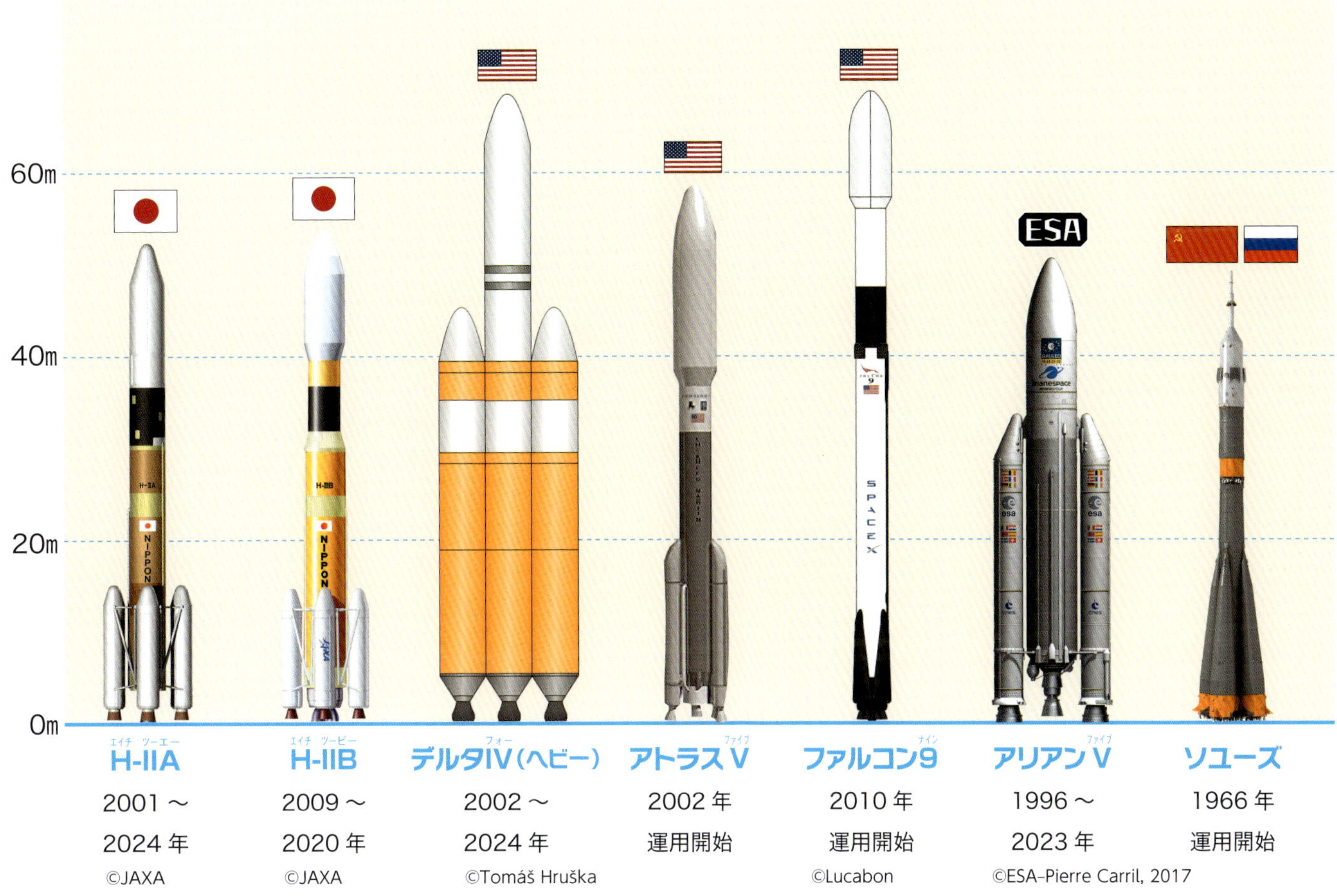

ロケットによって打ち上げられる宇宙船

宇宙船は、人が宇宙へ移動するための乗り物です。ソユーズ宇宙船とクルードラゴン宇宙船は国際宇宙ステーション（ISS）への往復などに使われます。オリオン宇宙船は月への有人飛行のために開発中です。

ソユーズ宇宙船

ソビエト、およびロシアの有人宇宙船。初飛行は1967年で、何度も改良を重ね、現在はソユーズMSが運用されている。

クルードラゴン宇宙船

アメリカのスペースX社が開発した有人宇宙船。スペースX社のファルコン9ロケットで打ち上げられる。

オリオン宇宙船

月面への有人着陸をめざすアメリカのアルテミス計画で開発中の宇宙船。2022年に無人で月までの往復に成功した。

スペースシャトルの活躍

1981年4月、スペースシャトルのコロンビア号がアメリカのケネディ宇宙センターから打ち上げられた。これが、スペースシャトル初のミッションだった。

©NASA/KSC

くり返し飛行するスペースシャトル

ロケットは基本的に、一度使えば再利用はできませんが、アメリカが開発したスペースシャトルは、同じ機体を何度も利用することができる宇宙船です。1981年の初飛行から30年間使用され、135回打ち上げられました。スペースシャトルによって、惑星探査機やハッブル宇宙望遠鏡を宇宙へ送り出したり、無重量環境＊を利用したさまざまな実験がおこなわれたりしました。

©NASA/JSC

つばさをもった宇宙船であるスペースシャトルは、飛行機のように滑走路に着陸した。スピードを落とすため、パラシュートも補助的に使われた。

＊**無重量環境**……物体の重さが感じられない状態。

スペースシャトルのしくみ

外部燃料タンク

オービターのメインエンジンで使うための燃料が入った、使いすてのタンク。発射から約8分30秒後に、メインエンジンが停止すると切り離される。切り離されたあとは、大気圏に再突入*して分解し、消滅する。

固体ロケットブースター

打ち上げの時のほとんどの推力をになう。発射の約2分後に切り離されて海へ落下。船で回収されて、再使用される。

オービター

宇宙と地上を行き来する、宇宙船の本体。人が乗りこむ「クルー・キャビン」やメインエンジンなどで構成されている。秒速約8kmで飛行する。この部分も再使用される。

メインエンジン

液体酸素と液体水素を燃料とする。

©NASA/MSFC

開発年表 スペースシャトル編

- **1981年** コロンビア号が打ち上げられ、初めて飛行に成功する
- **1986年** チャレンジャー号が打ち上げ直後に爆発
- **1990年** ディスカバリー号により、ハッブル宇宙望遠鏡が打ち上げられる
- **1998年** 国際宇宙ステーション(ISS)が建設開始。スペースシャトルは資材や宇宙飛行士の輸送で活躍
- **2003年** コロンビア号の帰還時、空中で機体が分解
- **2011年** スペースシャトルが退役
- **2025年** スペースシャトルより小さな機体で、約15回の再使用が可能なドリーム・チェイサーが春以降に初飛行予定

宇宙コラム

2度の大事故をへて、運用終了が決定

スペースシャトルでは1986年と2003年の2度、それぞれ7人の宇宙飛行士が犠牲になる事故が発生しました。1986年のチャレンジャー号の事故では打ち上げ直後に爆発、2003年のコロンビア号の事故では地球帰還時に機体が空中で破損し、分解してしまったのです。事故への対策もふくめ、コストがかさんだこともあり、スペースシャトルは2011年に退役しました。

©NASA

1986年に打ち上げられたチャレンジャー号。打ち上げの73秒後に爆発した。

*再突入……人工衛星や宇宙船が宇宙空間から惑星の大気層に突入すること。

有人宇宙飛行

ソビエトが人類初の有人宇宙飛行に成功

1957年10月4日に世界初の人工衛星（26ページ）の打ち上げに成功したソビエトは、1961年には有人宇宙飛行を世界で初めて成功させました。4月12日、ユーリ・ガガーリンを乗せた宇宙船ボストーク1号が打ち上げられて地球のまわりを1周し、無事に帰還したのです。ガガーリンは、宇宙から地球をみた初めての人類となりました。地球への帰還のとき、ガガーリンは座席ごと宇宙船から出てパラシュートを使って地上に降りてきました。

ユーリ・ガガーリン

元空軍パイロットで、1960年に宇宙飛行士候補に選ばれた。1968年、飛行機の事故で死去。

©Keystone-France

©アフロ

ボストーク1号の想像図。打ち上げから帰還までの飛行時間は1時間48分だった。

アメリカも有人宇宙飛行の計画をつぎつぎと決行

ガガーリンの宇宙飛行からわずか3週間後の1961年5月5日、アメリカのアラン・シェパードがマーキュリー3号で宇宙飛行に成功しました。このアメリカ初の有人宇宙飛行は、打ち上げられた宇宙船が放物線を描いて降りてくる弾道飛行でした。1962年2月20日には、ジョン・グレンが乗ったマーキュリー6号が、地球のまわりを回る周回飛行に成功しました。1965～1966年にはふたりの飛行士が乗りこみ、地球を周回するジェミニ宇宙船が打ち上げられました。

©NASA/KSC

1959年4月9日に、アメリカで最初の宇宙飛行士として発表された「マーキュリー・セブン」とよばれる7人の宇宙飛行士。全員がアメリカの軍人だった。

史上初の女性宇宙飛行士

ガガーリンの初飛行から約2年後の1963年6月16日、ソビエトのワレンチナ・テレシコワが有人宇宙飛行に成功し、世界初の女性宇宙飛行士となりました。テレシコワを乗せたボストーク6号は3日間で地球を48周しました。当時、男性宇宙飛行士はみな軍のパイロット出身でしたが、テレシコワふくむ女性飛行士候補はスカイダイビング経験者でした。

©Daily Herald Archive

テレシコワは、ひとりだけで宇宙飛行をおこなった唯一の女性だ。飛行当時は26歳で、女性の宇宙飛行の最年少記録となっている。

世界の国ぐにが宇宙飛行への挑戦を続けている

中国では1992年から有人宇宙飛行計画がスタートしました。2003年10月15日に楊利偉を乗せた神舟5号が打ち上げられ、3か国目の自国技術による有人宇宙飛行となりました。神舟5号は地球を14周して翌日の16日に無事、帰還しました。現在、インドも有人宇宙飛行をめざして、ガガンヤーン宇宙船の開発や宇宙飛行士の訓練を進めています。

中国初の有人宇宙飛行をおこなった楊利偉。元空軍のパイロットで、1998年に宇宙飛行士に選ばれ訓練を開始。初飛行の飛行時間は21時間23分だった。

©Science Photo Library/アフロ

開発年表 有人宇宙飛行編

- **1957年** ソビエトの宇宙船**スプートニク2号**が**犬**を乗せて地球軌道を周回。地球を周回した初の動物となる
- **1961年** 4月、ソビエトの**ユーリ・ガガーリン**を乗せたボストーク1号が**世界初の有人宇宙飛行**に成功
- 5月、アメリカの**アラン・シェパード**を乗せた**マーキュリー3号**がアメリカ初の有人宇宙飛行に成功
- **1962年** アメリカの**ジョン・グレン**を乗せた**マーキュリー6号**が、地球のまわりを回る**周回飛行**に成功
- **1963年** ソビエトの**ワレンチナ・テレシコワ**が女性宇宙飛行士として世界初となる有人宇宙飛行に成功
- **1965年** ソビエトの**アレクセイ・レオーノフ**が人類初の船外活動に成功
- アメリカの**エドワード・ホワイト**がアメリカ初の船外活動に成功
- **1969年** アメリカの**ニール・アームストロング**と**バズ・オルドリン**が人類初の有人月面着陸に成功
- **1990年** **秋山豊寛**が日本人初の宇宙飛行。ソビエトの宇宙ステーション**ミール**に滞在
- **1992年** 中国が有人宇宙飛行計画を開始
- **2003年** 中国の**楊利偉**を乗せた**神舟5号**が打ち上げに成功。地球を14周して帰還

日本の宇宙飛行士

宇宙開発を先導する宇宙飛行士

JAXA（宇宙航空研究開発機構）の宇宙飛行士は、数年から10年に1回ほど、国際宇宙ステーション（ISS）に長期滞在してさまざまな実験やISSの保守、修理をおこなったりしています。宇宙飛行士の仕事場は宇宙だけではありません。地上では、宇宙での活動に向けた訓練のほか、宇宙にいる飛行士のサポートやISSで使う実験装置の開発などにたずさわっています。

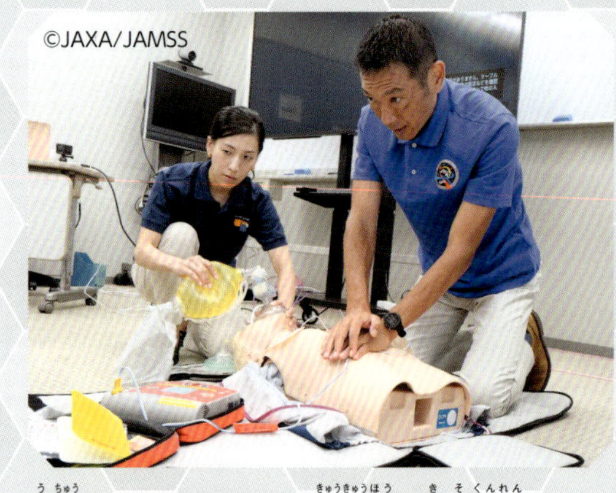
©JAXA/JAMSS

宇宙での活動に向けて、救急法の基礎訓練を受ける米田あゆさん（左）と諏訪理さん。

歴代の日本人宇宙飛行士

毛利 衛

1992年、日本人で初めてスペースシャトルに搭乗。2000年に日本科学未来館の初代館長となる。

©JAXA/NASA

向井千秋

1994年、スペースシャトルにアジア人女性初の宇宙飛行士として搭乗し初飛行。

©JAXA/NASA

若田光一

1996年に初飛行。2000年にISS建設に参加。日本人最多となる5度の宇宙飛行をおこなった。

©JAXA/NASA/Bill Stafford

土井隆雄

1997年に初飛行、日本人初の船外活動を実施。2008年「きぼう」の船内保管室をISSに取り付けた。

©JAXA/NASA

野口聡一

2005年初飛行。ISSに長期滞在し、4度におよぶ船外活動や「きぼう」での実験をおこなう。

©JAXA/GCTC

星出彰彦

2008年に初飛行。2012年と2021年にISSに長期滞在。小型衛星の放出や船外活動を経験。

©JAXA/GCTC

山崎直子

2010年にISSへ。物資移送作業のとりまとめや、ロボットアームの操作をおこなった。

©JAXA/NASA

古川 聡

2011年と2023年にISSで長期滞在。生活に関わる実験や有人月探査に向けた技術実証を実施。

©JAXA/GCTC

油井亀美也

2015年、ISSに約142日間滞在。ロボットアームの操作や科学実験・医学実験をおこなった。

©JAXA/GCTC

大西卓哉

2016年、ISSに約113日間滞在。船外活動の支援や科学実験などをおこなった。

©JAXA/GCTC

金井宣茂

2017～2018年、ISSにフライトエンジニアとして滞在。実験や船外活動の支援をおこなった。

©JAXA/GCTC

米田あゆ

2024年に宇宙飛行士として認定。アルテミス計画を見すえた訓練などを受ける。

©JAXA

諏訪 理

2024年に宇宙飛行士として認定。アルテミス計画などへの参加が期待される。

©JAXA

宇宙コラム

民間人も宇宙へ

JAXAの宇宙飛行士のほかにも、これまで日本人では3人の民間人が宇宙飛行をおこないました。

©共同通信社

秋山豊寛

1990年12月、ソビエトの宇宙飛行士として、ミールに滞在。

©Anadolu

前澤友作 **平野陽三**

2021年12月、日本の民間人として初めてISSに滞在。

身近になる宇宙

スペースポートアメリカ

2011年に開港した、アメリカのニューメキシコ州にある世界初の商業宇宙港。宇宙港（スペースポート）は、ロケットや人工衛星の発射拠点となる場所のこと。現在、世界各国で建設が進められている。日本でも建設が検討されていて、北海道や和歌山県、大分県、沖縄県が候補となっている。

©Virgin Galactic

民間企業が宇宙開発にぞくぞくと参加

宇宙開発といえば、以前は国の機関によって進められるのがあたりまえでした。しかし最近では、多くの民間企業が宇宙開発に参加しています。たとえばアメリカのスペースX社は、国際宇宙ステーション（ISS）への行き来にも使われているクルードラゴン宇宙船で、民間人だけの宇宙飛行を実現しました。日本では、小型ロケットの開発を進めるインターステラテクノロジズ社や月探査をめざすispace社＊など、多くの民間宇宙開発企業が事業を進めています。

©Virgin Galactic

ホワイトナイト2とスペースシップ2 

バージン・ギャラクティック社が宇宙旅行に向けて開発したスペースシップ2（中央）。2024年6月の最終飛行までに、23人が宇宙旅行をおこなった。スペースシップ2は、ホワイトナイト2（両側）で上空まで運ばれ、そこから宇宙へ発射される。

＊ispace社……日本の民間宇宙開発企業。日本、アメリカ、ルクセンブルク（ヨーロッパ）に拠点を置いている。

民間企業が構想中の宇宙旅行

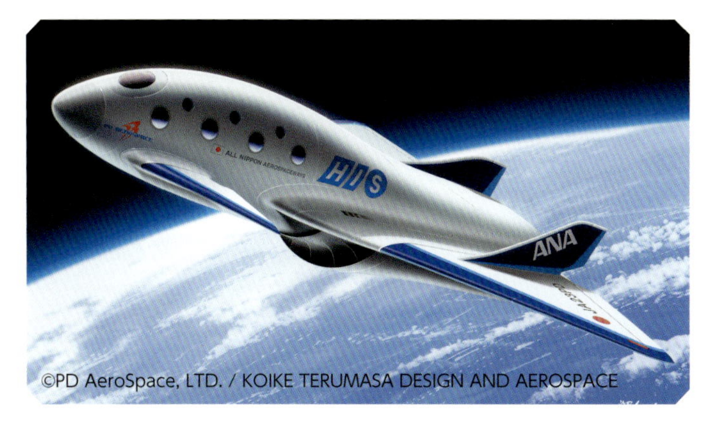

©PD AeroSpace, LTD. / KOIKE TERUMASA DESIGN AND AEROSPACE

ペガサス 

PD エアロスペース社が開発を計画している有人宇宙船のイメージ画像。つばさがあり、航空機のように離着陸する。旅行会社のエイチ・アイ・エスと航空会社の ANA ホールディングスとともに宇宙旅行の実現に向けて取り組んでいる。

ドリーム・チェイサー

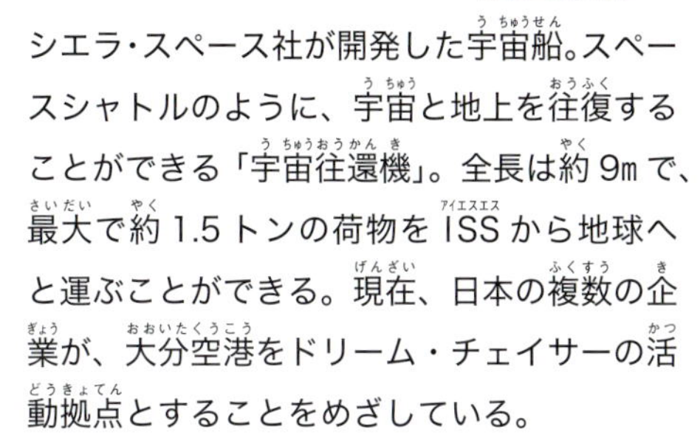

シエラ・スペース社が開発した宇宙船。スペースシャトルのように、宇宙と地上を往復することができる「宇宙往還機」。全長は約 9m で、最大で約 1.5 トンの荷物を ISS から地球へと運ぶことができる。現在、日本の複数の企業が、大分空港をドリーム・チェイサーの活動拠点とすることをめざしている。

©NASA/Ken Ulbrich

© 株式会社岩谷技研

T-10 Earther 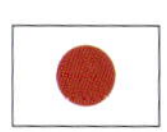

岩谷技研社が開発を進める、気密キャビン T-10 Earther は、最高で成層圏の高度 25km まで飛行する。宇宙空間の手前である成層圏からでも、青い地球と漆黒の宇宙をながめることができる。T-10 Earther に乗って、だれもが「宇宙遊覧」を楽しめるよう、さまざまな企業が協力している。

宇宙コラム

だれもが宇宙へ旅行できる未来

ひとくちに宇宙旅行といっても、数分間だけ宇宙にいてすぐにもどってくる旅行もあれば、国際宇宙ステーション（ISS）に滞在する旅行もあります。旅行費用は、安くても数千万円、ISS に滞在するには数十億円以上かかるといわれています。また最近では、さまざまなタイプの旅行に合わせた保険のプランが考えられています。将来的には旅行者がふえて費用も下がり、今よりも多くの人が宇宙旅行ができる時代が来るとみられています。

宇宙ステーションへ

現在、宇宙飛行士のおもな仕事場は宇宙ステーションです。そこではどんな生活や仕事をしているのでしょうか。

国際宇宙ステーション（ISS）は、1998年に最初の構成要素（パーツ）が打ち上げられ、建設が始まった。それから現在まで200回以上、物資や宇宙飛行士が送りこまれている。

©JAXA/NASA

宇宙での活動拠点

宇宙での実験・研究、地球や天体の観測をするための場所

国際宇宙ステーション（ISS）は、高度約400㎞で地球を周回する巨大な施設です。アメリカやロシア、カナダ、ヨーロッパ、日本が参加して運用されています。つねに宇宙飛行士が滞在し、生物や医学、材料開発などさまざまな実験をおこなうほか、地球や宇宙の観測、宇宙空間の環境の調査などもおこなわれています。

国際宇宙ステーション（ISS）のしくみ

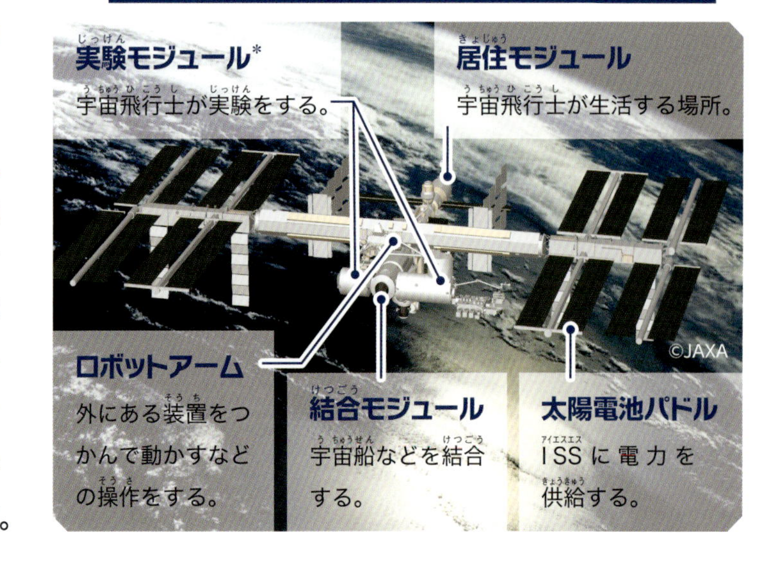

＊モジュール……国際宇宙ステーションの一部。独立した機能をもち、独立して活動することができるようになっている。

これまで活躍してきた宇宙ステーション

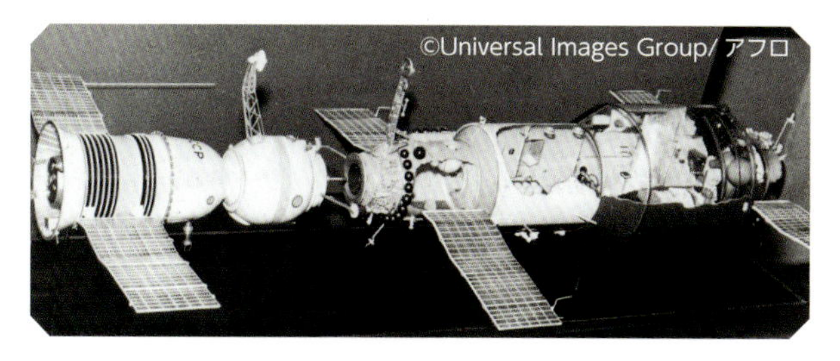

サリュート1号

1971年4月にソビエトが打ち上げた世界初の宇宙ステーション。3人の宇宙飛行士が滞在。同年10月に大気圏に再突入して運用を終えた。上の画像はサリュート1号に宇宙船のソユーズ11号がドッキングしたときの模型。

スカイラブ

1973年5月に打ち上げられたアメリカ初の宇宙ステーション。1974年2月までの間に、3組の宇宙飛行士が合計約171日の間、滞在。1979年に大気圏に再突入した。

ミール  

複数のモジュールからなるソビエトの宇宙ステーション。最初のモジュールは1986年に打ち上げられた。2001年に運用を終了。

中国宇宙ステーション(CSS)

中国が現在運用中の宇宙ステーション。天宮ともよばれている。2021年4月に最初のモジュールが打ち上げられた。下の画像は、2022年11月に、実験モジュールが宇宙ステーションにドッキングしたときのイメージ図。今後モジュールをふやすことが計画されている。

開発年表
宇宙ステーション編

- **1971年** ソビエトが世界初の宇宙ステーションサリュート1号を打ち上げ
- **1973年** アメリカが自国初の宇宙ステーションスカイラブを打ち上げ
- **1984年** ISSの計画が正式にスタート
- **1986年** ソビエトがサリュートに次ぐ宇宙ステーション、ミールを打ち上げ
- **1998年** ISSの建設が始まる
- **2011年** ISSが完成
- 中国が、宇宙ステーション試験機天宮1号を打ち上げ
- **2006年** アメリカのビゲロー・エアロスペース社が世界の民間企業で初となる宇宙ステーションジェネシスIを打ち上げ
- **2009年** ISSに日本の実験棟きぼうが完成
- **2016年** 9月、中国が宇宙ステーション試験機天宮2号を打ち上げ
- **2021年** 4月、中国が中国宇宙ステーション(CSS)の建設を開始
- 12月、NASAがISSの後継機の開発のため、民間企業と契約
- **2022年** 11月、CSSが完成
- **2030年** ISSの運用が終了し、民間企業が開発した宇宙ステーションを活用予定

\ 知ってる? /

宇宙ステーションの1日

地球の24時間を基準に、規則正しい生活を送る

国際宇宙ステーション（ISS）は90分で地球を1周しているため、45分ごとに「昼」と「夜」がやってきます。ただISSの中では、地上と同じように1日を24時間としてスケジュールが組まれています。朝は午前6時に起床し、夜は午後9時半には眠るという規則正しい生活です。なおISSの中での時刻は世界時が基準です。9時間をたすと日本時間になります。

午前6時

起床、朝食

宇宙食で朝ごはん

午前6時ごろに起床。7時30分からの地上との確認作業までに朝食や洗顔などをすませる。宇宙食のメニューは300種類以上ある。

宇宙食には日本食もある。上の写真には、宇宙日本食のおにぎりやレトルトカレー、やきとり、ようかんなどが写っている。

午前の業務の時間

地上との確認作業をおこなう

まず地上とのあいだで2時間ほど確認作業をおこなうことから仕事がスタートする。とちゅうで1時間半の昼食の時間をはさみ、午前と午後を合わせて6時間半、仕事をする。

20～21ページも見てみよう

昼食

午後の
作業、運動
など

健康を守るために、運動をかかさない

©JAXA/NASA

1日のうち2時間半、運動をする。宇宙では、重力にさからって体をささえる必要がないため、何もしないと骨や筋肉などが弱くなってしまうからだ。ISSにはペダルをこぐ器具、ランニングやウォーキングをおこなう器具がある。

午後
8時ごろ

夕食

自由時間

水を使わずに体や髪の毛をきれいにする

©JAXA/NASA

ISSには風呂もシャワーもない。水が貴重なうえ、無重力のため水が飛び散ってしまうからだ。せっけんをしみこませたタオルで体をふいたり、泡が飛び散りにくいシャンプーで髪を洗ってかわいたタオルでふきとったりする。

午後9時半

睡眠

寝袋で体を固定して眠る

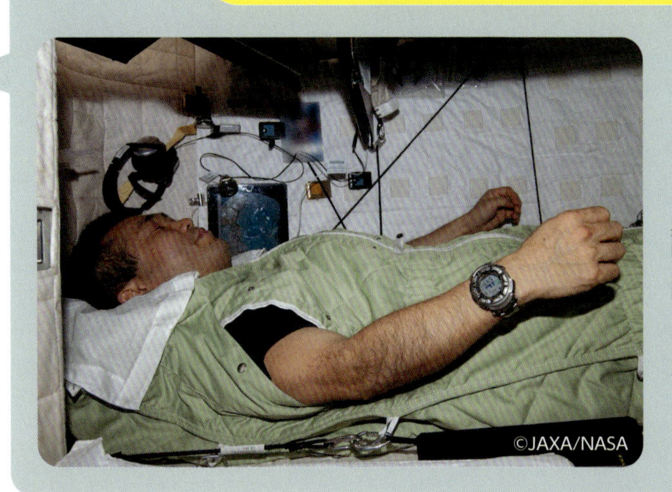
©JAXA/NASA

ISSでは午後9時半ごろに眠る。睡眠用の個室が6人分あり、寝ているあいだに体が浮かないようにするため、宇宙飛行士は個室内に固定された寝袋に入って寝る。人数が多いときは壁などに寝袋を固定する。

宇宙での実験

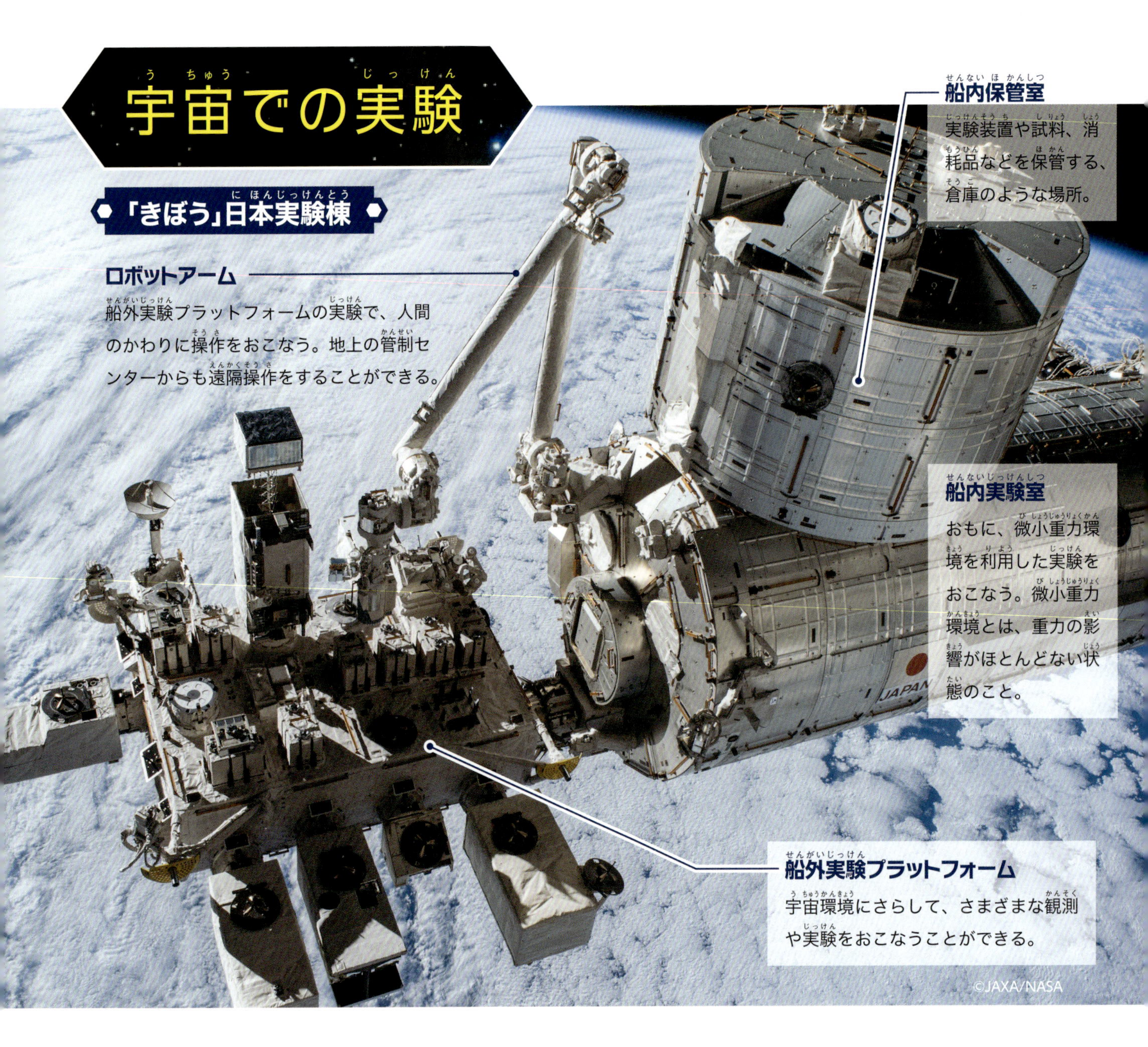

船内、船外でさまざまな実験ができる場所「きぼう」

国際宇宙ステーション（ISS）には、4つの国・地域の実験棟や設備が取り付けられています。そのひとつである「きぼう」は日本が開発した実験棟です。「きぼう」は船内実験室のほか、宇宙空間にさらした状態で実験をおこなうことができる船外実験プラットフォーム、物資を保管する船内保管室、作業用のロボットアームで構成されています。船外で実験できるのはISSの実験棟の中で「きぼう」だけです。

「きぼう」の位置はどこ？

「きぼう」日本実験棟は、ハーモニー（ノード2）という結合モジュールに取り付けられている。ハーモニーモジュールには、ヨーロッパとアメリカの実験棟も結合されている。

宇宙での実験で、さまざまななぞにせまる

地上では重さや密度のちがいによって、物が浮かんだりしずんだりします。また液体に熱を加えると、対流とよばれる熱の移動が起き、液体の全体の温度が上がります。しかし重力が地上の100万分の1～1万分の1ほどしかないISSの船内では、それらが起きません。新しい薬や材料の開発などのために、地上とは異なる環境を利用して、宇宙でしかできない実験がおこなわれています。

宇宙で植物は育つのか？

ISSではこれまで、レタスやトマト、水菜などが栽培され収穫されたことがある。写真はNASAの植物栽培実験装置と野口聡一宇宙飛行士。

©JAXA/NASA

宇宙で体に起こる変化は？

宇宙では重力が非常に小さいため、体液が上半身に移動して顔がむくむ。古川聡宇宙飛行士は、ISS滞在中ふくらはぎが2㎝細くなった。

©JAXA

水はどんなふうに動く？

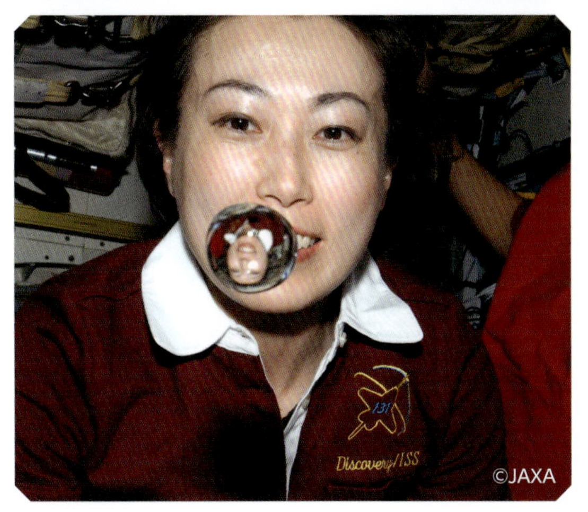

無重力環境では水も宙に浮く。そして浮いた水は球形になる。表面張力がはたらくことで、表面積が最も小さな丸い形となる。写真は山崎直子宇宙飛行士。

©JAXA

宇宙コラム

宇宙で病気になったら？

ISSでは「クルー・メディカル・オフィサー」という医療担当の宇宙飛行士が、病気やけがに対応します。クルー・メディカル・オフィサーは応急処置だけでなく、注射をしたり、傷口をぬいあわせたりできるように訓練を積んでいます。ISSには医療器具や医薬品のほか、AED（自動体外式除細動器）もあります。また、宇宙飛行士にはひとりずつ「フライトサージャン」がついています。フライトサージャンは、地上から宇宙飛行士の健康管理をする専門医です。宇宙飛行士の選抜から宇宙での活動期間、そして引退後までサポートをおこないます。

船外活動

宇宙船から、外の宇宙空間に出て作業をすることを船外活動という。宇宙飛行士は専用の宇宙服を着用し、テザー（命綱）を手すりなどに固定して作業をする。テザーが切れるなど、宇宙船から離れてしまったときのために、宇宙服には窒素ガスを噴射して、宇宙船にもどることができる推進装置が備えられている。

©NASA

宇宙船の外で、人工衛星の修理やサンプル収集をする

国際宇宙ステーション（ISS）では、さまざまな設備の点検や修理、太陽電池などの機器の設置、バッテリーなどの部品や装置の交換が船外活動でおこなわれています。かつて、ISSを建設したときには、合わせて1009時間14分（160回）と、数多くの船外活動がおこなわれました。スペースシャトルでは、ハッブル宇宙望遠鏡を捕獲した上で修理や装置の交換などをおこなったこともありました。

1965年3月18日、ソビエトのアレクセイ・レオーノフ飛行士が宇宙船ボスホート2号から外に出て、世界初の船外活動をおこなった。

補給機とのドッキング

宇宙飛行士が生活するための物資のほか、実験装置や実験の材料などを ISS へ定期的に届ける必要があります。日本は宇宙ステーション補給機こうのとりを開発して ISS にさまざまな物資を届けてきました。こうのとりは ISS に接近してならんで飛行しつつ、最後は宇宙飛行士がロボットアームでつかまえてドッキングしました。このような方式でドッキングした補給機はこうのとりが初めてでした。

こうのとり(HTV) 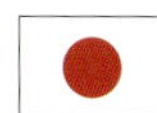

2009 年から 2020 年まで使われた。大量の物資や大型の物資を輸送できる補給機だったため、複数の大型の実験装置を一度に運ぶことができた。

ISSにバッテリーを届ける

こうのとりは日本製リチウムイオン電池を使った 24 個の新型バッテリーを ISS へ輸送した。バッテリーは船外活動によって旧型と交換された。

貴重ななまものを届ける

こうのとりは野菜や果物など生鮮食品を積みこむことができた。写真はこうのとりが運んだ玉ねぎを使ったスペースチーズバーガー。

宇宙コラム

次世代の補給機

こうのとりの後継機として、現在、HTV-X という無人の補給機の開発が進められています。こうのとりより搭載できる質量や容積が大きくなっており、将来的には月を周回する月周回有人拠点ゲートウェイ (40 ページ) への物資の補給も検討されています。

HTV-X の想像図。HTV-X は ISS 離脱後も軌道上にとどまり、さまざまな実験をおこなうことができる。

\知ってる?/

宇宙服の歴史

宇宙飛行士の安全を守るために進化してきた宇宙服

宇宙飛行士の活躍の場が広がるとともに、宇宙服も進化してきました。アメリカでは、マーキュリー計画のころは、航空機用の与圧服を改良したものが着用されました。与圧服とは、気圧が極度に低い場所で着用する服です。その後のジェミニ計画では船外活動ができるように、さらにアポロ計画では、月面で着陸船から離れて活動することができるように改良されました。

マーキュリー計画

©NASA

マーキュリー宇宙服

1961～1963年にかけて打ち上げられた、アメリカのマーキュリー計画で着用された。

重量：10 kg
特徴：高高度を飛行する航空機用の与圧服をもとに開発された。宇宙船内の気圧が急に下がることに備えたものだった。

ジェミニ計画

©NASA

Gemini G3C

1965～1966年にかけて有人飛行をおこなったアメリカのジェミニ計画で着用された。

重量：10 kg前後
特徴：船外活動用に大幅に改良された。船外活動時には、宇宙船にある生命維持装置と命綱を通じてつながっていた。

アポロ計画

©NASA

A7LB PGA

1969年～1972年にかけて月面着陸をおこなったアメリカのアポロ計画で着用された。

重量：82 kg（月面 14kg）
特徴：宇宙船から離れて活動するため生命維持装置は背負うものになった。月面を歩くため足はブーツ型に。

最新の宇宙服事情

1980年代以降、宇宙飛行士は船外活動のときは宇宙服を、打ち上げや地上への帰還のときには与圧服を着用するようになりました。宇宙空間は、真空で温度の変化が大きく、また宇宙ごみ（30ページ）が飛んでくる危険もあります。船外活動用の宇宙服は、そんな環境のなかでも安全に作業ができるようにつくられています。与圧服は、宇宙船内での急な気圧の変化などの緊急事態に対応するために着用します。

最新の与圧服

クルードラゴン宇宙船で着用する与圧服のヘルメットは、3Dプリンターでつくられている。船内でのおもな操作はすべてタッチスクリーンでおこなわれるため、タッチスクリーン対応のグローブを使用。

©JAXA/NASA/Joel Kowsky

船外活動用の宇宙服

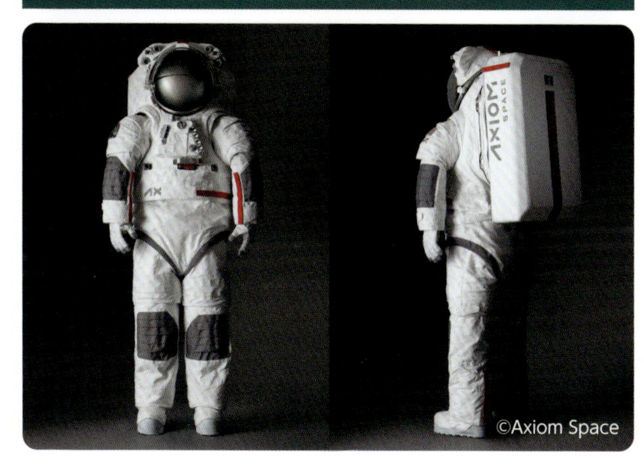

アメリカのアクシオム・スペース社は、アルテミス計画での月面活動へ向け、新型の船外活動用宇宙服AxEMUの開発を進めている。

宇宙ステーションで過ごす船内服

国際宇宙ステーション（ISS）の船内は気圧や気温、湿度などは地上と同じように調整されており、宇宙飛行士は地上にいるときと同じような服装をしています。抗菌防臭などの性能をもつ宇宙滞在用の服も開発されています。なおISSでは洗濯はできないので、必要な枚数の服や下着を持っていきます。

人工衛星

1957年に初めて打ち上げられた人工衛星。今では私たちの生活に欠かせないものになっています。

世界初の人工衛星

スプートニク1号

世界初の人工衛星。1957年10月4日、ソビエトが打ち上げた。スプートニク1号は直径58㎝、重量83.6kgの球体で、4本のアンテナが取り付けられていた。衛星から発信された電波は世界各地で受信された。

©Aerospace Capital

宇宙から地球をとらえる

ロケットで打ち上げられ、惑星のまわりを回りつづける

月のように、惑星のまわりを回りつづける天体のことを「衛星」といいます。人工衛星は、文字通り人がつくった衛星のことです。ひとつひとつの人工衛星がもつ役割は異なっていて、その役割により、さまざまな高度や角度で地球を回ります。高度が高いほど、人工衛星はゆっくりと地球を回ります。

人工衛星の打ち上げ方

固体ロケットブースター分離

衛星フェアリング分離

ロケットの第1段や第2段分離

人工衛星分離、軌道へ

人工衛星が低い軌道で地球のまわりを回るには秒速約8kmの速度が必要。ロケット（6ページ）はたんに高いところまで人工衛星を運ぶだけでなく、それだけの速度まで水平方向に加速する必要がある。

人工衛星が地上に落ちない理由

人工衛星は、つねに引力によって地球に引っぱられています。一方で、ぐるぐる回ることで、人工衛星には外側へはなれていこうとする遠心力がはたらきます。人工衛星は引力と遠心力がちょうどつりあう速度で回っているので、地球に落ちてこないのです。

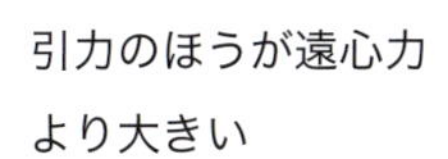

引力のほうが遠心力より大きい

引力と遠心力がつりあっている

遠心力のほうが引力より大きい

アメリカ初の人工衛星

エクスプローラー1号

1958年1月31日、アメリカ初の人工衛星エクスプローラー1号が打ち上げられた。写真は打ち上げ後の記者会見でエクスプローラー1号の模型を持ち上げるベルナー・フォン・ブラウン（5ページ）たち。全長は約2m。

日本初の人工衛星

おおすみ

1970年2月11日打ち上げ。打ち上げの約2時間半後に信号が地上で受信され、おおすみが地球を1周したことが確認された。2003年に大気圏に再突入して燃えつきた。全長は約1m。

開発年表 人工衛星編

- 1957年 ソビエトが、世界初の人工衛星スプートニク1号の打ち上げに成功
- 1958年 アメリカが、初の人工衛星エクスプローラー1号の打ち上げに成功
- 1965年 フランスが、初の人工衛星アステリックスの打ち上げに成功
- 1970年 2月、日本が初の人工衛星おおすみの打ち上げに成功
- 4月、中国が初の人工衛星東方紅1号の打ち上げに成功
- 1975年 インドが、初の人工衛星アーリヤバータの打ち上げに成功
- 1977年 日本初の気象衛星ひまわり（初号機）が打ち上げ成功
- 1978年 アメリカが全地球測位システム（GPS）のための人工衛星ナブスター1号の打ち上げに成功
- 1984年 放送衛星BS-2a（ゆり2号a）が打ち上げ成功、日本初の衛星放送サービスが開始
- 1993年 アメリカがGPSを運用開始
- 2010年 日本初の衛星測位システムみちびきが打ち上げ成功
- 2018年 日本で、みちびきをふくむ4機の人工衛星による衛星測位システムが運用開始

くらしを助ける人工衛星

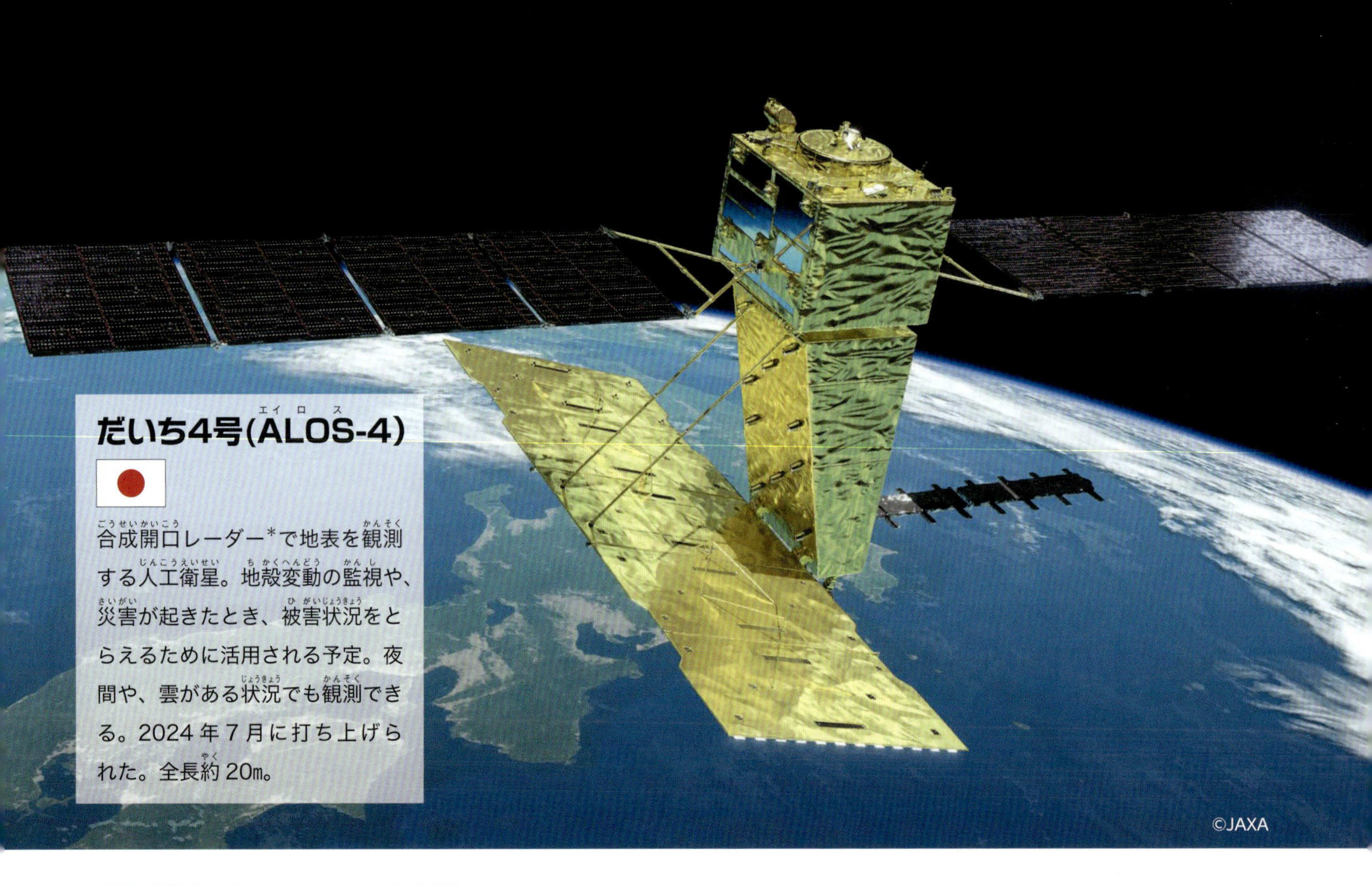

だいち4号(ALOS-4)

合成開口レーダー*で地表を観測する人工衛星。地殻変動の監視や、災害が起きたとき、被害状況をとらえるために活用される予定。夜間や、雲がある状況でも観測できる。2024年7月に打ち上げられた。全長約20m。

©JAXA

人工衛星からの情報がさまざまな場面で役立っている

気象衛星のデータは、毎日の天気予報はもちろん、雨や風の影響を受けやすい農業や漁業など、さまざまな分野で役立っています。全地球測位システム(GPS)は、地球上空の人工衛星から送られた電波を携帯電話やカーナビなどの受信機が受信し、受信機の位置をわりだすシステムです。また、CS放送やBS放送は、放送局から送られた電波を人工衛星が地上へ送り返し、それを家庭のアンテナで受信することで、番組を見ることができます。そのほか、陸地や海、大気などを観測する地球観測衛星のデータは、気候変動の研究に役立てられています。

森林伐採の現地写真。森林地帯とそうでない場所の境目がよくわかる。

©IBAMA

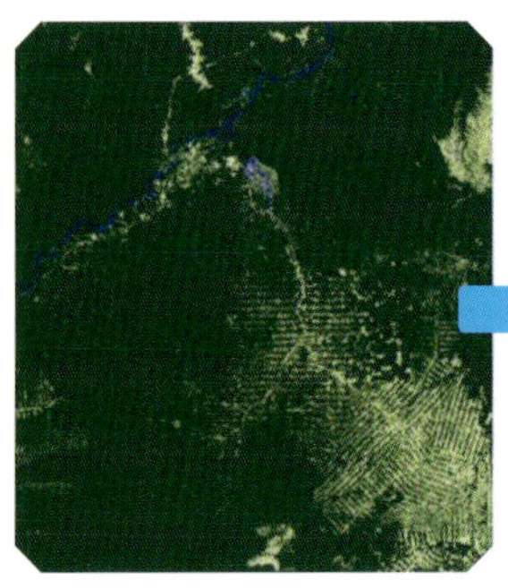

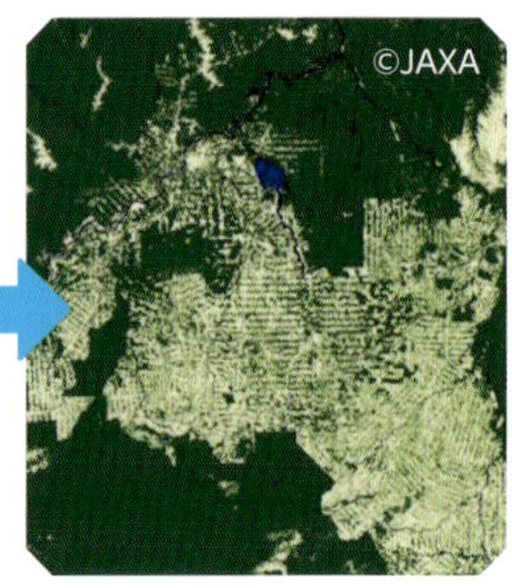

©JAXA

だいちシリーズの衛星がとらえた1996年（左）から2020年（右）のアマゾンの森林減少のようす。深い緑色は森林地帯で、色のうすい部分は森林がないところ。

出典：https://www.satnavi.jaxa.jp/ja/project/alos-4/index.html

＊合成開口レーダー……移動しながら地表面へ電波を送受信し、得られたデータを処理することで、大きなアンテナで観測したときと同じような精密な画像を得ることができる。

宇宙からくらしを支える、さまざまな人工衛星

©JAXA

みちびき 

2010年9月に日本が打ち上げた、衛星測位システム用の人工衛星。これ以降、複数の衛星が打ち上げられている。アメリカのGPSを補って高精度な測位が可能となる。

©JAXA

しずく（GCOM-W） 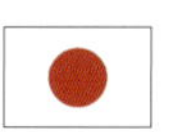

海面や大気中の水蒸気などからの電波をとらえることで、地球の水循環に関する観測をおこなう。2012年5月に打ち上げられた。

© マクサー社

BSAT-4a 

2017年9月に打ち上げられた、BSデジタル向けの放送衛星。2018年12月にスタートした、高画質の4K8K衛星放送に対応している衛星。

©Jacques Dayan

スターリンク 

アメリカの、スペースX社が2018年に初めて打ち上げた、インターネット接続のための人工衛星。何千もの小型衛星を打ち上げて、世界各国でサービスを展開している。

© 気象庁

ひまわり（8号・9号） 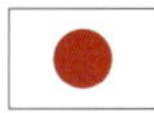

天気予報などにデータが利用される気象衛星。前世代機より観測に使う電波の種類が増加するなど、よりくわしい観測が可能になった。それぞれ2014年、2016年に打ち上げられた。

©JAXA

はくりゅう 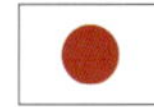 

日本とヨーロッパが共同で開発した地球観測衛星。2024年に打ち上げられた。雲やエアロゾル（大気中の微粒子）を観測し、気候変動予測の精度向上を目的としている。

\ 知ってる? /

宇宙のごみ問題

2009年に打ち上げられたH-IIAロケットの一部。宇宙ごみに接近し、観察するための実証衛星ADRAS-Jが2024年に撮影。

宇宙ごみってなんだろう？

宇宙ごみとは、宇宙空間にある、制御できない不要な人工物のことです。英語ではスペースデブリといいます。使い終わった人工衛星や、人工衛星を宇宙へ運ぶために使われたロケットの残骸のほか、衛星同士の衝突や衛星をミサイルで破壊する実験などによって散らばった破片が宇宙ごみになることもあります。通常は、宇宙ごみにならないように、使い終わった人工衛星は大気圏に再突入させたり、ほかの衛星の邪魔にならないようにより高い高度へ移動させたりしています。

宇宙ごみの量はどのくらい？

2024年までに地球の周回軌道に投入された約2万機の人工衛星のうち、約1万5000機以上が現在も宇宙にあります。その中で3000機ほどの人工衛星が機能しないまま地球を回っています。宇宙ごみは、小さなものほどたくさんあることがわかっています。2024年現在、宇宙ごみは10㎝以上のものが4万500個、1～10㎝のものが110万個、1㎜～1㎝のものが1億3000万個あると推定されています。

宇宙ごみの数の移り変わり

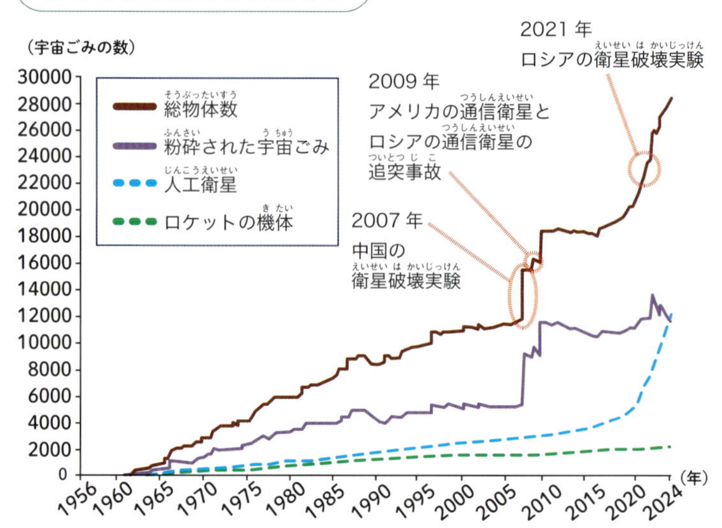

軌道上で、宇宙ごみとなっている物体の種類のうちわけと、数の移り変わりをしめしたグラフ。宇宙ごみの状況を正確に知ることが、対策を立てる上でも重要。

グラフ出典：NASA「Orbital Debris Quarterly News, Volume 28, Issue 4, July 2024」より

さまざまな危険をまねく宇宙ごみ

宇宙ごみは弾丸より速い、秒速７～８kmで飛んでいて、人工衛星に衝突するようなことがあれば、故障の原因となります。万が一、船外活動中の宇宙飛行士にぶつかると、非常に危険です。また、運用が終了した人工衛星やロケットが大気圏に再突入するとき、燃えつきなかった部分が地上まで落ちてきてしまうこともあります。宇宙だけでなく、地上の安全を守るためにも、宇宙ごみへの対策をとる必要があります。

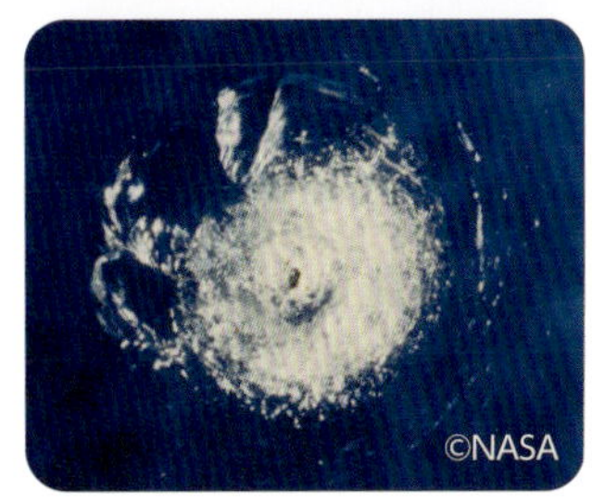

燃えつきずに地上に落下したロケットの３つの部品（上）と、スペースシャトルの窓に宇宙ごみが衝突したあと（左）。

宇宙ごみを観測する「スペースガードセンター」

宇宙ごみの危険にそなえるため、日本国内ではJAXAが運営する「上齋原スペースガードセンター」「美星スペースガードセンター」というふたつの施設がもうけられています。そこでは宇宙ごみのほか、地球に近づく小惑星や、運用の終わった人工衛星などを監視しています。いずれも岡山県に置かれています。

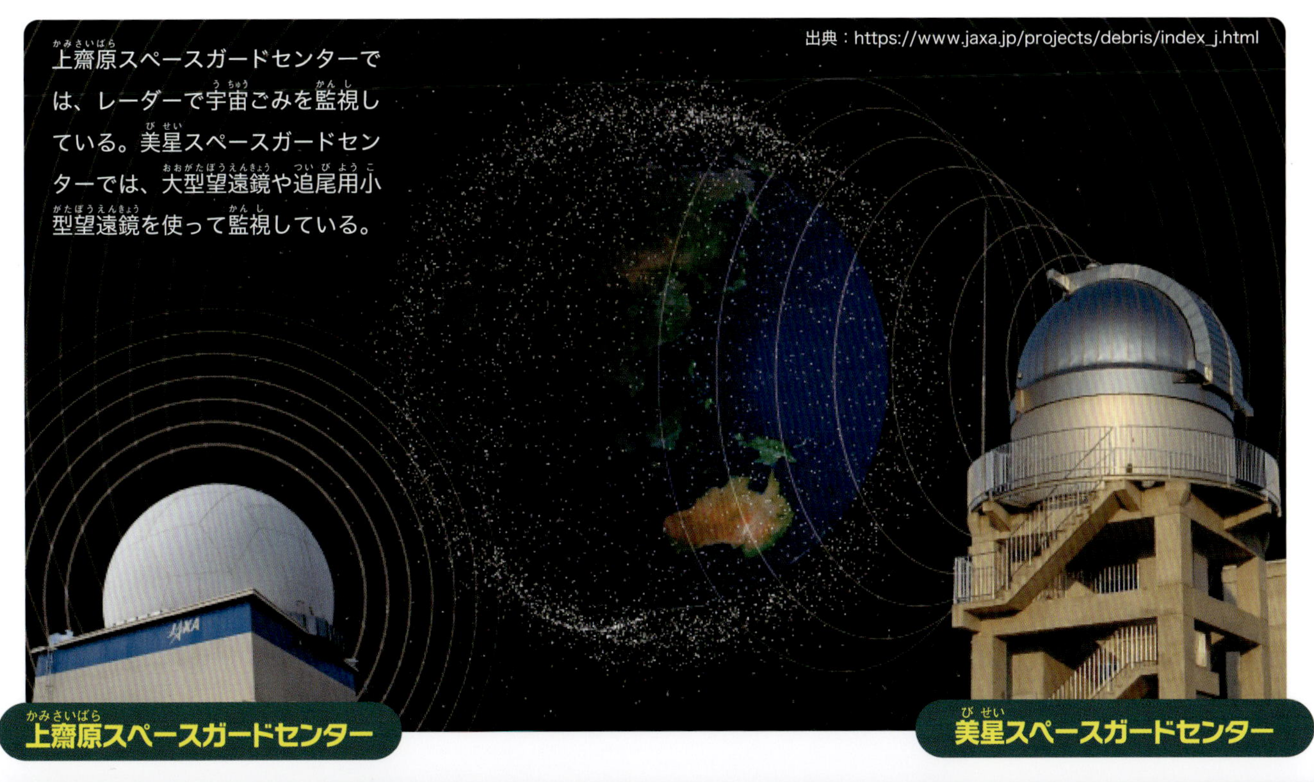

上齋原スペースガードセンターでは、レーダーで宇宙ごみを監視している。美星スペースガードセンターでは、大型望遠鏡や追尾用小型望遠鏡を使って監視している。

月へ

地球からいちばん近い天体である月。そこは地球以外に人類が降り立ったことがある、ただひとつの天体です。

©NASA

月面着陸への挑戦

人類初の月面着陸「アポロ計画」

1960 年代、無人での飛行試験、有人での地球周回軌道での試験や月周回飛行などをへて、1969 年 7 月 20 日、ついに人類が初めて月面に降り立ちました。アメリカのアポロ 11 号のニール・アームストロング船長とバズ・オルドリン宇宙飛行士が月面に第 1 歩をふみ出したのです。その後、1972 年のアポロ 17 号まで 6 度の月面着陸がおこなわれ、合計 12 人の宇宙飛行士が月面に降り立ちました。

月データ

直径：約 3476km
（地球の約 0.25 倍）

質量：約 7.34×10^{22}kg
（地球の約 0.012 倍）

表面温度：
−178.15 ～ 116.85℃

地球からの距離：
約 38 万km

月の内部構造

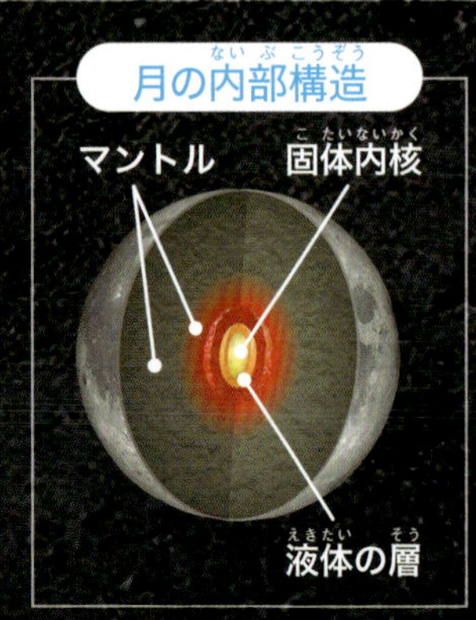

12年間で、さまざまな成果をあげたアポロ計画

アポロ計画では、月面着陸のほかにもいくつもの「史上初」がありました。丸い地球の全体像を人類が初めて目撃したほか、月の地平線からのぼる「地球の出」も初めて撮影されました。地球以外の天体からサンプルを持ち帰ったのもアポロ計画が初めてでした。

月面車を初めて使用！

©NASA/Dave Scott

1971年のアポロ15号では、初めて月面車が使われた。月面車を使うことで着陸船からはなれたところまで行くことが可能になり、月面での活動範囲が広がった。

「地球の出」の撮影に成功！

©NASA/Bill Anders

アポロ8号では初の有人月周回飛行がおこなわれた。そのとき、月の地平線からのぼる地球が撮影された。その後のミッションでも「地球の出」の写真はしばしば撮影された。

開発年表 月面探査編

- **1959年**
  - ソビエトが宇宙探査機ルナ2号を月面に衝突させることに成功
  - ソビエトの月面探査機ルナ3号が月の裏の写真を撮影する
- **1966年**
  - ソビエトの月面探査機ルナ9号が月面への着陸に成功
  - アメリカの月面探査機サーベイヤー1号が月面への着陸に成功
- **1968年**
  - アメリカのアポロ8号が人類初の月周回飛行に成功。「地球の出」の写真を撮影
- **1969年**
  - 宇宙飛行士ニール・アームストロングとバズ・オルドリンを乗せた宇宙船アポロ11号で、人類初の有人月面着陸に成功
  - アポロ12号が有人月面着陸成功
- **1970年**
  - ソビエトの月面探査機ルナ16号が打ち上げられ、月面のサンプルを持ち帰る
- **1971年**
  - アポロ14号が有人月面着陸に成功
  - アポロ15号が有人月面着陸に成功。月面車での調査をおこなう
- **1972年**
  - アポロ16号が有人月面着陸に成功
  - アポロ17号が有人月面着陸に成功
- **2007年**
  - 日本のかぐやが月面の調査を開始
- **2013年**
  - 中国の月面探査機嫦娥3号が月面への着陸に成功
- **2022年**
  - アルテミス1号が打ち上げ成功
- **2023年**
  - インドの月面探査機チャンドラヤーン3号が月面への着陸に成功
- **2024年**
  - 日本の月面探査機SLIMが月面への着陸に成功

月面探査

月面へと降りていくアポロ12号の月着陸船。月の上空を周回する司令船・機械船から撮影された写真だ。アポロ12号は1969年11月に、月の「嵐の海」とよばれる場所に着陸した。

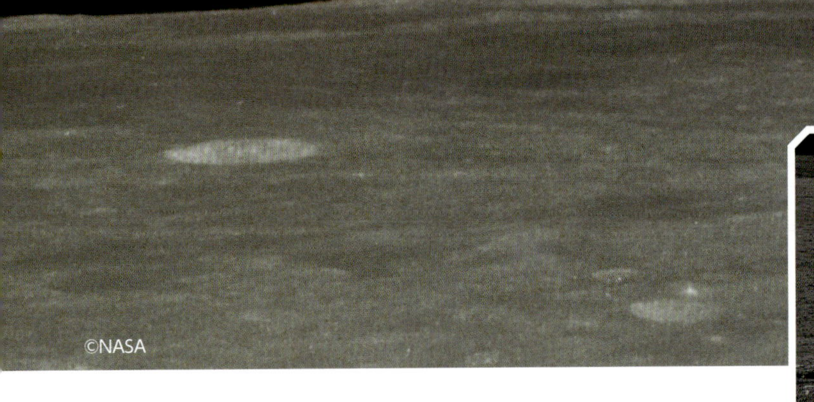

©NASA

©NASA/JSC

1971年2月のアポロ14号で、船外活動をおこなうアラン・シェパード飛行士。横にあるのはアポロ14号の活動中に使われた手おし車。カメラなどの道具を運んだ。

月のなぞにせまるためのヒントをさがして

地球では、過去の痕跡が、雨や風のはたらきのために風化して残らない場合があります。しかし、大気のない月では残っている可能性があります。月の過去や現在を知ることは、地球や太陽系でこれまでにどのような現象が起こったのかを知る手がかりとなります。また、月にはレアメタル*のほか、将来的に核融合発電*の燃料となりうる、ヘリウムが豊富に存在しています。それらの資源開発も月をめざす理由のひとつです。

©NASA

アポロ15号が持ち帰った月の石。アポロ計画全体で持ち帰った月面のサンプルは合計約382kg。

＊レアメタル……産出量が少ない、生産がむずかしいなどの理由で流通量が少ない金属。半導体や充電式電池の材料となっている。

＊核融合発電……「核融合」は水素のような軽い原子核同士がくっつき、ヘリウムなどの重い原子核に変わること。このときに出るエネルギーを利用して発電する。

各国が進める月面調査

これまで、月にはアメリカやソビエト、日本、中国、インド、ヨーロッパ、韓国などが探査機を送りこんできました。探査機には、月を周回して上空から観測する「オービター」や月面へ着陸してその場で調査をする「ランダー」「ローバー」などがあり、さまざまな方法で探査をおこないます。

©Bembmv

ルナ16号

1970年9月に月面に着陸したソビエトの無人探査機。無人探査機として初めて、月面のサンプルを地球まで持ち帰った。

© 池下章裕

かぐや(SELENE)

2007年9月に打ち上げられた日本の月面探査機。月を周回しながら、月面の地形や物質などの観測をおこなった。

©NASA/JPL

ルナー・リコネサンス・オービター

2009年6月に打ち上げられ、15年以上も稼働中のアメリカの月面探査機。月面の地形の撮影などを鮮明におこなうことができる。

©ISRO/ UPI/ アフロ

チャンドラヤーン3号

2023年9月に月面に着陸したインドの探査機。初めて月の南極付近への着陸に成功した。探査車も月面に降り立った。

©JAXA

SLIM

2024年1月に月面へ着陸した日本の探査機。高精度で月面に着陸する技術や、装置の軽量化の実証などを目的としていた。

© 新華社／共同通信イメージズ

嫦娥6号

2024年6月に月面に着陸した中国の探査機。初めて月の裏側から試料を持ち帰った。小型探査車（ローバー）も備えている。

月面をめざす探査機たち

民間企業もぞくぞくと探査機を開発

これまで月面探査は国の主導でおこなわれてきましたが、最近では民間企業がつぎつぎに参入しています。また、有人月面着陸をめざすアルテミス計画でも、民間企業が開発する月着陸船が使われることになっています。

有人与圧ローバー 

JAXA（宇宙航空研究開発機構）とトヨタ自動車社が共同で研究を進めている月面車。宇宙飛行士が宇宙服を着ることなく、1か月間ほど車内で生活できる。太陽電池が使えない夜間でも発電できるように、再生型燃料電池を搭載する。2031年の打ち上げをめざしている。

STAR SHIP

月や火星をめざしスペースX社が開発中。アルテミスⅢ、Ⅳで月着陸船としても使われる（39～40ページ）。

APEX 1.0 ランダー 

ispace社のアメリカ法人、ispace-U.S.社が開発している月着陸船。月面と月の周回軌道のどちらにも荷物を運ぶことができる設計になっている。

©ispace

RESILIENCEランダー 

日本のispace社が進める民間月面探査プログラム、HAKUTO-Rのミッション2で、2025年1月に打ち上げられた月着陸船。着陸後、展開機構を使い小型月面探査車のTENACIOUSローバーが着地、自走して月面探査をおこなう計画。

©ispace

TENACIOUSローバー 

HAKUTO-Rのミッション2で、RESILIENCEランダーに搭載される最小、最軽量級の月面探査車（ローバー）。名前は「ねばり強さ」という意味。レゴリス（月の砂）の採取をめざす。

©JAXA/タカラトミー/ソニーグループ（株）/同志社大学

SORA-Q 

JAXA、タカラトミー社、ソニーグループ社、同志社大学が開発した変形型月面ロボット。走行時に変形する。2024年1月に月面着陸したSLIMにも搭載。SLIMから放出されると自動走行して、月面の写真を撮影した。

BLUE MOON 

ブルーオリジン社が開発を進める月着陸船。アルテミスVで月着陸船として使われる予定になっている（41ページ）。

©Blue Origin/ZUMA Press/アフロ

宇宙コラム

月面着陸のむずかしさ

月や火星など、重力の大きな天体への着陸では、一般的に降りたいところに降りることはできず、歴代の探査機には着陸地点に数kmの誤差がありました。JAXAが開発したSLIM（35ページ）は、月面に「ピンポイント着陸」することをめざして開発され、見事にその目的を果たしました。これまでは誤差があっても降りた場所で調査をするしかありませんでしたが、これからは調べたい場所にピンポイントで降りることが可能になるかもしれません。SLIMの月面着陸成功は、これからの宇宙開発にとって大きな一歩となりました。

©JAXA/タカラトミー/ソニーグループ(株)/同志社大学

2024年1月、月面着陸したSLIMをSORA-Qが撮影した写真。ピンポイント着陸はできたものの、エンジンのトラブルにより逆立ちするようにして着陸した。

アルテミス計画

飛行20日目に、宇宙船オリオンに搭載されたカメラが撮影した写真。月の地平線の向こうに三日月のような「地球の出」をとらえた。

アルテミスⅠ：無人の月周回試験飛行

アルテミス計画の第1段階であるアルテミスⅠは、2022年11～12月におこなわれた。11月16日に打ち上げられたオリオン宇宙船は、月への往復と月の周回飛行に成功。12月11日、宇宙船のカプセルが地球の大気圏に再突入した後、太平洋に着水し、飛行試験を終えた。

©NASA/JSC

人類をふたたび月へと送る

アメリカは現在、アポロ計画以来となる有人月面着陸をめざす「アルテミス計画」を進めています。第1段階の無人での月周回飛行はすでに成功し、今後、有人での月周回飛行ののち、月面に宇宙飛行士が降り立つ予定です。月を周回する月周回有人拠点ゲートウェイの建設や、月面探査車を使った有人探査なども計画されています。アルテミス計画では、日本人の宇宙飛行士も月面に降り立つことになっています。

©NASA/JSC

宇宙での飛行中、オリオン宇宙船が自身を撮影した写真。オリオン宇宙船は、6か月におよぶ長期間の宇宙滞在にもたえられるように設計されている。

©NASA

任務を終えたオリオン宇宙船が、太平洋に着水したときのようす。オリオン宇宙船は、大気圏への突入時、約2760℃の温度にたえた。

アルテミスⅡ：有人の月周回試験飛行

アルテミスⅡでは、４人の宇宙飛行士が乗るオリオン宇宙船が月まで往復する予定だ。宇宙飛行士が乗った状態で、宇宙船のさまざまなシステムが正常に動くかどうかを確認する。クリスティーナ・コック飛行士は、月まで飛行する宇宙船に搭乗する初の女性となる。2026 年４月以降に打ち上げ予定。

オリオン宇宙船に搭乗予定の４人。左がコック飛行士、中央手前がワイズマン飛行士、中央後ろがグローバー飛行士、右がハンセン飛行士。

アルテミスⅡに向けて調整されるオリオン宇宙船。宇宙船の内部を熱から守るヒートシールドが設置されている。

アメリカ、フロリダ州のケネディ宇宙センターで、オリオン宇宙船を視察した宇宙飛行士たち。

アルテミスⅢ：女性宇宙飛行士初の月面着陸

アポロ計画以来の有人月面着陸をおこなう。女性飛行士が初めて月面に降り立つ予定だ。月の南極地域に着陸して約１週間滞在し、写真の撮影や地質の調査、サンプル収集などをおこなう。2027 年なかば以降に打ち上げ予定。

アルテミスⅣ：「ゲートウェイ」建設と月面往復

2025年以降に、月を周回する月周回有人拠点「ゲートウェイ」の建設がスタートする。アルテミスⅣでは、4人の宇宙飛行士が、ゲートウェイの組み立てに必要な資材を積みこんだオリオン宇宙船に搭乗。まず先に打ち上げられているゲートウェイにドッキングする。そのあと、2人の飛行士がスペースX社のSTAR SHIP（36ページ）に乗りかえて月面までを往復する。月面では6日間活動する。宇宙船は2028年に打ち上げ予定。

有人宇宙探査の可能性を広げるために

ゲートウェイは、月面に宇宙飛行士や物資を送りこむための中継基地の役割をはたします。それにより月面での継続的な活動ができるようになります。またゲートウェイは、将来的に火星へ向かう宇宙船の組み立てや点検、燃料補給のための中継基地としての活用も考えられています。ゲートウェイや月面での活動は、有人火星探査に必要な技術を確かめる場にもなります。

将来的には月面基地で、実験や資源採掘、天文観測などさまざまな活動がおこなわれる可能性がある。

アルテミスV：月面探査車を使った月面活動

アルテミスⅤからは有人月面探査車（LTV）が使われる予定だ。LTVは、船外活動用宇宙服を着た状態で宇宙飛行士が運転する。徒歩での移動と比べて広範囲の探索が可能になる。着陸船はアメリカのブルーオリジン社のBLUE MOONが使われる（37ページ）。ゲートウェイにはESA（ヨーロッパ宇宙機関）の給油モジュール、「ルナビュー」が設置される。

©NASA

宇宙コラム

宇宙探査をするための国際ルール「アルテミス合意」

アルテミス合意は、宇宙の探査や利用に関する原則をしめしたものです。各国が原則を共有することで、全人類にとって持続可能で有益な宇宙利用をうながすことを目的としています。2020年10月、まずアメリカや日本など8か国がアルテミス合意に署名しました。2024年12月の時点で52か国が署名しています。

アルテミス合意のおもな内容

- 宇宙での活動は、人びとの生活に役立つことを目的としなくてはならない
- 宇宙での活動は平和を目的としたものでなくてはならない
- 政策や計画は他者がわかるように進める
- 署名国は、宇宙探査を通じて得た科学的データをだれもが見られるかたちで共有する

など

おしえて! インタビュー

2024年10月にJAXA宇宙飛行士として認定された諏訪理さんと米田あゆさん。宇宙にあこがれた子ども時代、そしてアルテミス計画への思いまで、お話をうかがいました。

諏訪 理さん　米田あゆさん

諏訪さん（写真左）は1977年茨城県生まれ。米田さん（写真右）は1995年東京都生まれ、京都府育ち。2024年10月にJAXA宇宙飛行士として認定され、現在は宇宙での活動に必要な技術や知識を身につけるため、訓練を積んでいる。

幼いころの宇宙へのあこがれ

Q 宇宙に興味をもったのはいつですか？

諏訪さん　私が最初に宇宙に興味をもったのは、小学校低学年のころです。天体望遠鏡をもっている友だちがいて、プレアデス星団だったと思うのですが、見せてもらったことがありました。それがとてもきれいで、強く印象に残ったんです。それからお年玉やおこづかいを一生懸命ためて、屈折式の天体望遠鏡を手に入れました。そして望遠鏡をのぞいては、月を見たり、土星の輪を見たり。そんな子ども時代でした。

小学校5年生にあがるとき、雑誌の応募企画で、アメリカのヒューストンにあるNASAの施設へ行き、見学できる機会がありました。そこでアポロ17号の船長、ユージン・サーナンさんにお会いすることができたんです。そのとき、お話をうかがって、宇宙飛行士という職業があること、また、実際に月へ行った人がいるのだということに大変感動しました。このときから、宇宙飛行士という存在が頭のかたすみにあったように思います。

米田さん　私は、子どものころに父からわたされた向井千秋さんの伝記がきっかけで、宇宙に興味をもつようになりました。伝記を読むうちに、宇宙という空間では体が浮くということを知り、自分の知らない世界が広がっているのはとてもおもしろそうだなあと感じたんです。それ以来、新聞などで宇宙に関する記事を見つけたら、切りぬいて自分なりにコメントを書くようになりました。また、小学生のころには科学館へ行って、宇宙に

2023年2月の記者会見で、諏訪さんと米田さんが候補者に選ばれたことが発表された。写真は、会見後の記念撮影。

関する展示を見たり、宇宙服を着られるイベントに参加したりもしていましたね。

そうして過ごすなかで、宇宙飛行士は宇宙で研究・開発されてわかったことを、地球へ届ける役割なのだということがわかってきました。宇宙開発にたずさわる人たちの夢や希望を、地球から宇宙へ運び、そして宇宙から地上へ運ぶ存在って、すごくかっこいいなと、強いあこがれをもつようになりました。

夢がかなった瞬間

Q 宇宙飛行士になるまで、大変だったこと、うれしかったことを教えてください。

諏訪さん　宇宙飛行士が募集されるタイミングには、きまりがありません。私が大学を卒業した年に3人の方が宇宙飛行士に選ばれ、次のチャンスで挑戦したいと考えていたら、その後10年ほど募集がありませんでした。時が来るのを待って、2008年のとき、ようやく応募することができました。夢に向かって、やっと具体的な第一歩をふみ出すことができると思うと、とてもうれしかったことを覚えています。2008年の試験は不合格でしたので、機会を待つことにしたのですが、次の募集まで、今度は13年がかかりました。夢がかなうときには、タイミングなど、さまざまなめぐり合わせがあるのだなと感じています。

米田さん　私は、子どものころは宇宙飛行士というのが実際に就くことができる職業だとイメージしていませんでした。なので、進路も宇宙飛行士を意識して選んだわけではありません。こまっている人を自分の手で少しでも助けることができればという思いから、医師になりました。医師として目の前の仕事に一生懸命に打ちこむ毎日でしたが、あるとき、宇宙飛行士候補者の選抜があるということを知りました。そうしたら、子どものころに宇宙飛行士に強くあこがれていた気持ちがよみがえってきたんです。挑戦するかどうか、迷う気持ちもありましたが、昔の自分が今の私を見たら「なんで挑戦しないの？」と言うだろうなと思いました。昔の自分に背中をおしてもらって、宇宙飛行士の選抜に応募することができました。これからは宇宙飛行士として何かになやんでいる人にも希望を届けられるようにがんばりたいです。

基礎訓練のひとつである撮影訓練のようす。宇宙飛行士は、宇宙での実験の結果を撮影して記録することもある。

はば広く学んだ基礎訓練

Q 宇宙飛行士候補生としての基礎訓練はいかがでしたか？

諏訪さん　宇宙飛行士候補者に選ばれた後、約1年半の間、基礎訓練を受けて、JAXA宇宙飛行士として認定されました。今ふり返ると、基礎訓練では本当にはば広いことを学んだなと思います。科学的な知識の習得から飛行機の操縦、無重量体感訓練、そしてサバイバル術……。宇宙飛行士は、宇宙へ行くとさまざまな機械の操作もおこなうので、そういった機械の使い方、さらにはカメラやビデオカメラの使い方も習いました。はば広い分野について学ぶことが大変でもありましたが、新しいことにいろいろと挑戦できる機会でもあったので、とても楽しく、刺激的な毎日でした。

米田さん　基礎訓練で記憶に残っていることといえば、サバイバル訓練です。ほかの訓練生の方たちといっしょに、夜間に重い荷物を背負って出発しました。自分たちでテントを立ててその中で眠り、夜、少ない睡眠のなか、見慣れない土地の地図をたよりに山道を進んでいく。そうした状況のなかで生きのびる技術をみがく訓練でした。体力的にかなり大変で「目的地までたどり着けるだろうか」と感じた瞬間もありましたが、みんなで声をかけあいながらチームで力を合わせていくと、自分の想像以上の力を出すことができました。終わったときには達成感が得られましたし、みんなで食べたおかしの味は、格別においしかったです。

アルテミス計画、そして未来へ

Q アルテミス計画への意気ごみを教えてください。

諏訪さん　アルテミス計画は、月をめざした後に火星へ、そしてさらにその先へと進んでいきます。この計画を通して、月や火星など、太陽系の成り立ちにせまることができるのではないかと非常に期待しています。宇宙飛行士は科学者とは少し立ち位置がちがうかもしれないのですが、科学が進化していく過程のお手伝いができることにとても喜びを感じています。

今後の宇宙開発の目的のひとつは、地球以外の惑星へ人間の生存圏を広げることだと思います。しかし、それだけでなく、宇宙開発の成果を地球上の生活の質の向上や、サステナブル（持続可能）な世界をつくることにつなげていくことも、とても重要だと思っています。

米田さん　人間は、これまで月に到達したことがありますが、アルテミス計画では、月への長期滞在や火星探査など、さらにその先をめざしていくことになります。

JAXAとトヨタ自動車が開発する与圧ローバーの模型。与圧ローバーはアルテミス計画の中で使用される可能性がある。

人類は、長い歴史のなかで、海へ空へとどんどん活動の範囲を広げてきました。アルテミス計画は、人類の新しい扉を開くきっかけになると思います。その瞬間に立ち会うことができることに、とてもわくわくしています。

新しい扉が開いたとき、大切なのは、これまでにない視点で地球を見るということだと思っています。ずっと日本に住んでいて、海外へ行ってみると、日本のよさに改めて気づくことがあると思いますが、これと少し似た感覚でしょうか。地球を外から見ることによって、これまでとはちがった新しいものの見方が生まれると思います。

興味をもったことを大切に

Q 読者のみなさんへ、メッセージをお願いします。

諏訪さん　読者のみなさんには、自分が興味をもったことを大切にしてほしいと思います。ときには、まわりの人に「それは無理だよ」と言われてしまうことがあるかもしれません。しかし、最初から無理だと決めつけてしまうと、それは「本当に無理なこと」になってしまいます。挑戦した結果、やはり無理だったということはあるかもしれません。しかし、まずは挑戦して、その過程を楽しんでもらいたいと思います。

米田さん　自分の夢や目標に向かって進んでいくとき、一見、夢には関係がないように思うような経験が、5年後や10年後に思わぬ形でつながることがあります。読者のみなさんには、自分があまり知らないことや、苦手だなと思うことも、まずは勇気をもって挑戦してほしいと思います。自分の夢には関係ないと思っていたことが、意外にも自分の強みになるということがあるからです。

このインタビューは、2024年12月時点での情報をもとに構成しています。

さくいん

ここでは、この本に出てくる重要な用語を五十音順にならべて、その内容が出ているページをのせています。用語にふくまれる数字は小さい方からならべています。

か

さ

た

な

は

ま

や

ら

わ

肥後尚之

大学院で工学研究科を修了後、宇宙開発事業団（現JAXA）に入社。国際宇宙ステーションのプロジェクトを経て、新事業促進担当となり宇宙ベンチャー支援や宇宙開発企業の海外展開支援などの業務に携わる。内閣府宇宙開発戦略推進事務局では、準天頂衛星システムの開発を担当。現在は有人宇宙技術部門宇宙環境利用推進センターにて「きぼう」日本実験棟の商業利用推進に取り組む。

執筆　：岡本典明
装丁・本文デザイン　：倉科明敏　(T.デザイン室)
本文イラスト　：はやみかな
(6ページ、26ページ、27ページ、見返し)
校正　：鷗来堂
編集・制作　：笠原桃華、中根会美、常松心平(303BOOKS)

［協力］
ispace ／ Axiom Space ／アストロスケール／アフロ／ Alamy ／ ESA ／岩谷技研／気象庁／共同通信社／ Getty Images ／国立天文台／ JAXA ／ SpaceX ／ Shutterstock ／ NASA ／ PD エアロスペース／ PIXTA ／放送衛星システム

宇宙開発プロジェクト大図鑑
①地球から月へ

発　行　2025年4月　第1刷

監　修　肥後尚之
発行者　加藤裕樹
編　集　岩根佑吾、堀創志郎
発行所　株式会社ポプラ社
〒141-8210　東京都品川区西五反田3-5-8
JR目黒MARCビル12階
ホームページ www.poplar.co.jp（ポプラ社）
kodomottolab.poplar.co.jp（こどもっとラボ）
印刷・製本　TOPPANクロレ株式会社

Printed in Japan
ISBN978-4-591-18474-5/ N.D.C. 538 / 47P / 29cm

P7262001

全3巻

宇宙開発 プロジェクト大図鑑

1 地球から月へ

監修：肥後尚之　　N.D.C.　538

2 太陽系へ

監修：肥後尚之　　N.D.C.　538

3 銀河系とその先へ

監修：馬場 彩　　N.D.C.　442

- ●小学校高学年以上向き
- ●オールカラー
- ●A4変型判
- ●各47ページ
- ●図書館用特別堅牢製本図書

ヨーロッパ宇宙機関
ESA
ヨーロッパ23か国*が参加する宇宙機関。1975年に設立。本部はフランスに置かれている。

ドイツ航空宇宙センター
DLR
1969年に設立。

中国国家航天局
CNSA
1992年に設立。

トルコ宇宙機関
TUA
2018年に設立。

イラン宇宙庁
ISA
2004年に設立。

ウクライナ国立宇宙機関
SSAU
1992年に設立。

イスラエル宇宙庁
ISA
1983年に設立。

アラブ首長国連邦宇宙庁
UAESA
2014年に設立。

インド宇宙研究機関
ISRO
1969年に設立。

世界のおもな宇宙機関